U0155677

手绘星球全景图鉴

地图上的旅行

[英]安妮塔·加纳利 [英]凯特·佩蒂◎著 [英]杰克·伍德◎绘 杨文娟◎译

哈尔滨出版社
H.P.H
HARBIN PUBLISHING HOUSE

黑版贸审字 08-2020-037 号

图书在版编目（CIP）数据

地图上的旅行 / (英) 安妮塔·加纳利, (英) 凯特
·佩蒂著;(英) 杰克·伍德绘;杨文娟译. — 哈尔滨:
哈尔滨出版社, 2020.11
（手绘星球全景图鉴）
ISBN 978-7-5484-5439-7

Ⅰ.①地… Ⅱ.①安… ②凯… ③杰… ④杨… Ⅲ.
①地图 – 儿童读物 Ⅳ.①P28-49

中国版本图书馆CIP数据核字(2020)第141868号

Around and About Maps and journeys
First published by Aladdin Books Ltd in 1993
Text copyright © Kate Petty, 1993 and illustrated copyright © Jakki Wood, 1993
Copyright©Aladdin Books Ltd., 1993
An Aladdin Book
Designed and directed by Aladdin Books Ltd.
PO Box 53987, London SW15 2SF, England
All rights reserved.
本书中文简体版权归属于北京童立方文化品牌管理有限公司。

书　　名：手绘星球全景图鉴. 地图上的旅行
SHOUHUI XINGQIU QUANJING TUJIAN. DITU SHANG DE LÜXIN

作　　者：[英]安妮塔·加纳利　[英]凯特·佩蒂 著 [英]杰克·伍德 绘　杨文娟 译
责任编辑：杨滟新　赵　芳　　责任审校：李　战
特约编辑：李静怡　　　　　　　美术设计：官　兰

出版发行　哈尔滨出版社（Harbin Publishing House）
社　　址：哈尔滨市松北区世坤路738号9号楼　　邮编：150028
经　　销：全国新华书店
印　　刷：深圳市彩美印刷有限公司
网　　址：www.hrbcbs.com　　　www.mifengniao.com
E-mail：hrbcbs@yeah.net
编辑版权热线：（0451）87900271　87900272
销售热线：（0451）87900202　87900203

开　　本：889mm×1194mm　1/16　印张：14　字数：70千字
版　　次：2020年11月第1版
印　　次：2020年11月第1次印刷
书　　号：ISBN 978-7-5484-5439-7
定　　价：124.00元（全7册）

凡购本社图书发现印装错误，请与本社印制部联系调换。
服务热线：（0451）87900278

目　录

不要迷路

来认识下哈里和他的狗狗拉夫。他们喜欢到处旅游。哈里并不想走弯路，所以他得研究下地图。

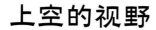

上空的视野

当哈里和拉夫沿着街道行走时，他们看不见拐角后有什么。不过当他们坐在热气球上往下看时，可以看见地面上的一切。他们可以看见教堂、车站以及它们之间的道路。

画个平面图

哈里和拉夫决定制作一张花园的平面图。他们可以从上空看到它的形状。

哈里从花园的前面走到后面，长度是 30 步。接着他又从一侧走到另一侧，宽度是 16 步。

哈里在纸上画出了他的步数。现在他想把玫瑰树和池塘也画上。他怎么才能弄清它们的精确位置呢?

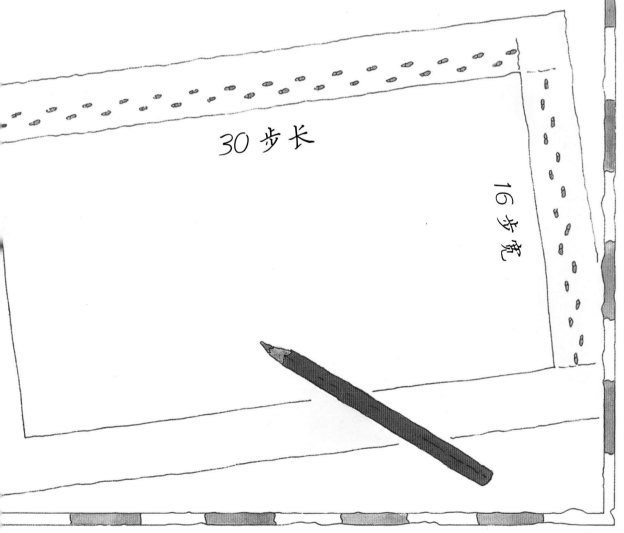

30 步长

16 步宽

补充细节

哈里数了数从花园的一端到玫瑰树的距离，有3步。接着又数了数从花园一侧到玫瑰树的距离，有4步。

拉夫在平面图上标记了步数，画上了玫瑰树。然后哈里发现池塘距离花园末端3步，距离花园侧面1步。拉夫又在平面图上画了池塘。

拉夫用卷尺测量了花园。它有 18 米长，表明哈里的一步有 0.6 米长。他们在平面图上画下比例尺。你们也来制作一张花园或教室平面图吧！

👣 👣 = 0.6 米

去学校的路线

看看右页的图，它显示哈里的学校在上方，教堂在中央，哈里的家在最下面。下图中，哈里正在制作一张他去学校的路线图。他努力回想他在哪里左转、右转。还将那些在途中看到的地标性建筑，比如桥和教堂，画了出来，在路线图上做了标记。

现在，你也按同样的方法制
作一张你熟悉的短途路线图吧！

15

街道平面图

下面这幅图是哈里画的路线图的街道平面图。这两张地图有什么区别呢？哈里画的地图上，只标注了对他和拉夫来说重要的地标。而这张街道平面图有些不同的地标。它们都是什么？

它看上去跟我们画的很不一样。

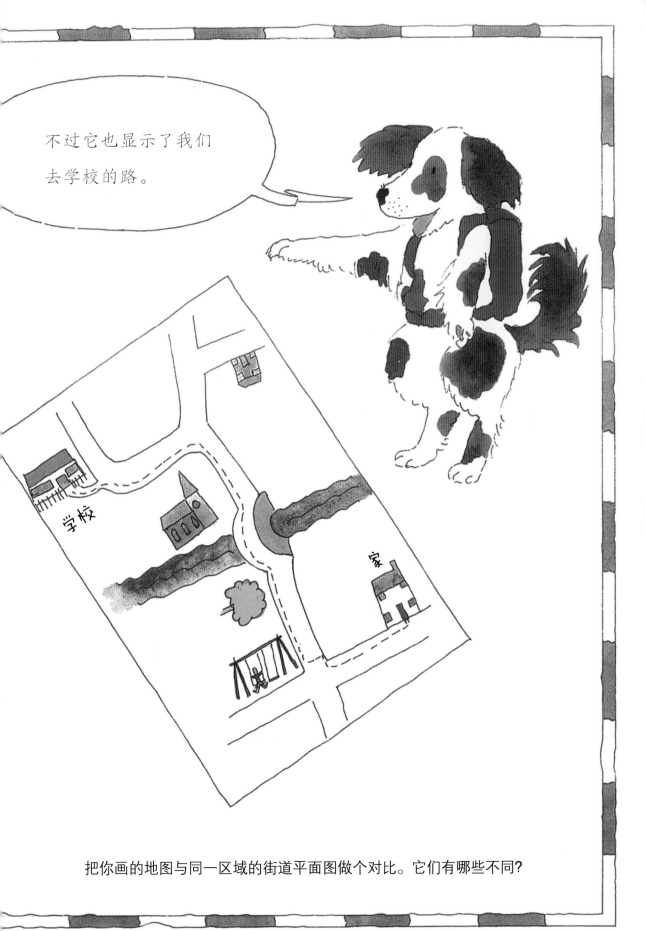

把你画的地图与同一区域的街道平面图做个对比。它们有哪些不同？

地　标

想要在地图上标注一个特别的事物，有几种方法。

你可以写上它的名字。*教堂*

你可以画下它。

或者你可以画一个特殊的符号作为标志。

下面是地图上常使用的一些标志。

风车

高速公路

动物园

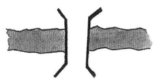

桥

野餐地

野营地

机场

野生动物园

海滩

哈里和拉夫正在绘制他们的专属标志。你也试试吧。

找几张不同的地图看看，它们都使用了哪些标志呢？大多数地图上都附有图例，它会告诉你这些标志的含义。

东西南北

哈里和拉夫已经认清了上、下、左、右四个方向。现在他们想学习东、西、南、北。他们看着地球仪。北极在最上方，南极在最下方。绘制地图时，通常也是按照上北下南、左西右东的标准

指南针能指出北在哪边。

你现在面朝着哪个方向呢？

向西 12 步

向南 12 步

向东南 15 步

这是一个宝藏岛的地图。它显示了海盗找到

宝藏的路径。东南方位指的是东方和南方之间。

绘制地图

大多数现代地图都是基于在空中俯拍的照片绘制的。飞机在需要绘制地图的区域飞来飞去（就像修剪草坪一样），用底部的摄像机拍摄下方地面的照片。

自然地形

每个地方都有些使它区别于其他地方的特殊地形。可能是一条河、一片森林、湖泊或者山川。那个地方可能靠海或者位于一片广阔平原的中央。比如，哈里所在城镇的中心有一条宽阔的河流。

列出你生活的地方所有的自然地形。你想怎样在地图上标注它们？

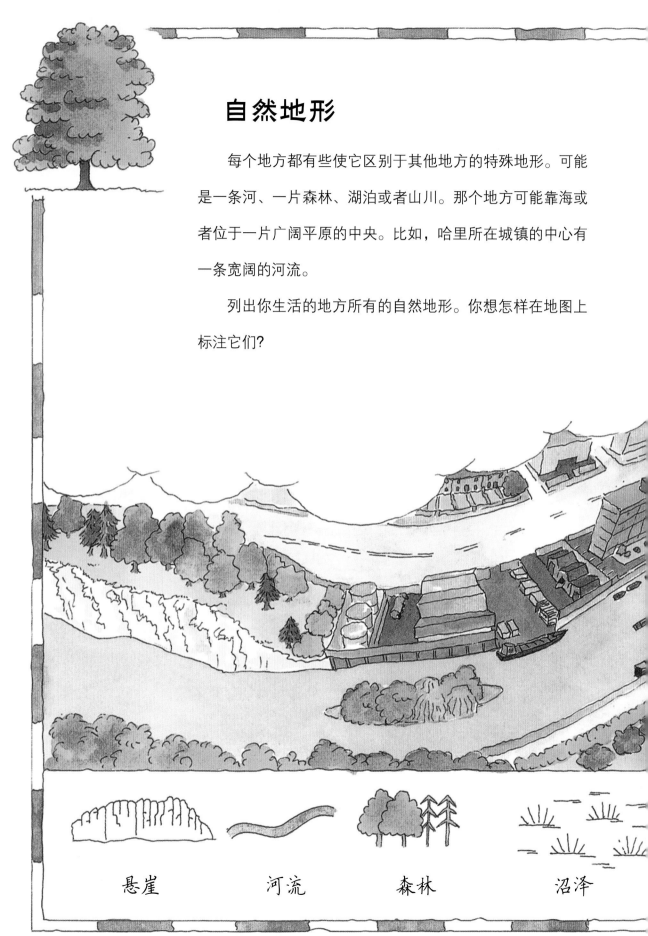

悬崖　　　　河流　　　　森林　　　　沼泽

飞向天空

哈里和拉夫乘着热气球飞向天空，去探索小镇外面的世界。

他们可以看见小镇和大河。河流向西流向另一座大城市和海洋。在河的东边有一片树林，那里有些小村庄。河的北边是山，南边则有一条通往另一个城市的高速公路，沿路有不少城镇。哈里和拉夫在他们的地图上发现了一些地标。

飞向天空，我们现在要去世界其他地方看看。

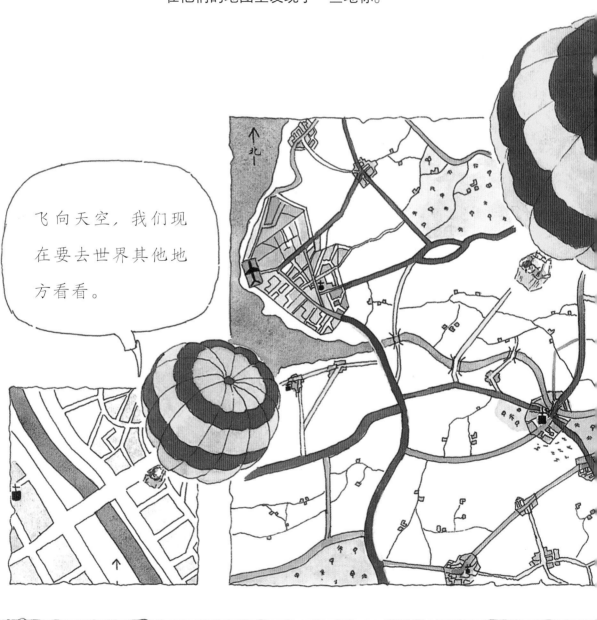

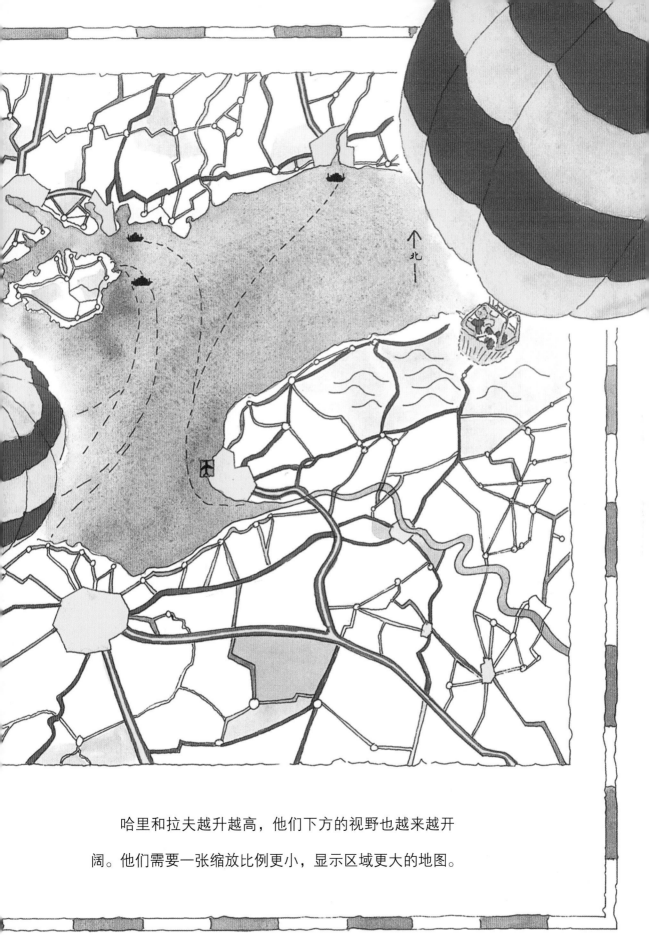

哈里和拉夫越升越高，他们下方的视野也越来越开

阔。他们需要一张缩放比例更小，显示区域更大的地图。

看地图集

在地图集里找出你所在的城镇。它在沿海的某个地方吗？如果你住在一个小城镇，那么离它最近的大城市叫什么？找一找你所在的州或省的名字。

现在哈里和拉夫需要的是永不迷路！

索 引